Cómo empezar
una tesis

DR. JOSÉ SUPO

Médico Bioestadístico

www.bioestadistico.com

Cómo empezar una tesis – Tu proyecto de investigación en un solo día

Primera edición: Enero del 2015

Editado e Impreso por BIOESTADISTICO EIRL
Av. Los Alpes 818. Jorge Chávez, Paucarpata, Arequipa, Perú.

Hecho el depósito legal en la Biblioteca Nacional del Perú.

N ° 2015-00002

ISBN: 1505894190
ISBN-13: 978-1505894196

DEDICATORIA

A los investigadores, que aportan al conocimiento y a la construcción del método investigativo...

A los que pretenden con la ciencia mejorar el mundo.

CONTENIDO

Paso N° 1

Define tu línea de investigación

Miles de estudiantes universitarios me preguntan cada año ¿Me podría sugerir un tema de tesis?, Me preguntan por las redes sociales, por Facebook, por Twitter, por YouTube y hasta por correo electrónico. Me preguntan también los estudiantes de posgrado; y ellos están esperando que yo les entregue algo como: Prevalencia de Hipertensión Arterial, Causas del Estrés Laboral o Pronóstico del Cáncer de Pulmón.

Esto significa que, un tema de tesis está compuesto por dos elementos básicos: el primero corresponde al **propósito del estudio** como: la "Prevalencia" de Hipertensión arterial, las "Causas" del estrés laboral y el "Pronóstico" del cáncer de pulmón; el segundo elemento se llama **línea de investigación** así tenemos a: la Prevalencia de "Hipertensión arterial", las causas del "estrés laboral" y el pronóstico del "cáncer de pulmón".

Entonces tendremos que definir estos dos elementos antes de pensar en desarrollar un tema de tesis, y lo mejor será que, lo hagamos por separado, existe un orden natural para hacerlo y ese orden indica que primero se elige la línea de investigación y luego el propósito del estudio, esto es algo muy similar a elegir primero una profesión y luego a una especialidad.

En los tres ejemplos previamente señalados: prevalencia de hipertensión arterial, causas del estrés laboral o pronóstico del cáncer de pulmón, aparece en primer lugar el propósito del estudio y luego la línea de investigación, pero ese orden es gramatical, no corresponde al orden del proceso creativo que tendremos que desarrollar en nuestra mente para definirlo.

Primero se define la línea de investigación y luego el propósito del estudio, por eso en esta primera presentación vamos a trabajar en que decidas de una buena vez tu línea de investigación, pero antes... ¿Qué es una línea de investigación? ¿Realmente necesito una para desarrollar u estudio? ¿Qué hay de la opción de saltarnos esta parte?

Una línea de investigación es un tema muy definido, dentro de un campo del conocimiento, por ejemplo las ciencias de la salud, dentro de un área del conocimiento, por ejemplo la medicina, una línea de investigación, es un tema particular, por ejemplo: la hipertensión arterial, el estrés laboral o el cáncer de pulmón.

No son temas amplios, más bien son específicos y convierten a todos los que se encargan de su estudio en una comunidad, una comunidad que comparte conocimientos y experiencias de investigación, así tendremos que todos los que estudian la hipertensión arterial se beneficiarán siempre que se mantengan en contacto entre sí, desarrollando una línea de investigación.

Hacer investigación científica es una actividad apasionante, siempre que elijas una línea de investigación con la que te sientas realmente cómodo, es una ventaja elegir tu tema favorito del pregrado, para desarrollar una línea de investigación y de seguro tienes más de un tema favorito, así comienza que haciendo un listado de temas que más te gustan dentro de tu profesión.

De seguro de que no todos los temas o cursos que se incluyen en tu carrera profesional te gustan, y eso es completamente natural, siempre habrá temas por los cuales sentimos más gusto al hablar de ellos, como también habrán temas que no nos entretengan tanto, tu línea de investigación estará en el primer grupo.

Pero ser apasionado y sentir gusto no es suficiente, además debes demostrar capacidades naturales para el dominio de tu línea de investigación, todos somos distintos, y ese el punto de partida por el que, todos desarrollamos tareas con distinta eficiencia, habilidad, destreza, dominio, y por supuesto resultados.

Así que habrá que buscar dentro del listado de temas que ya sabemos que apasionan, a aquellos tópicos sobre el cual tienes dominio, habilidad natural, grandes habilidades y dotes, que no han pasado desapercibidas por tus colegas o compañeros, pues son ellos mismos los que te han solicitado apoyo en esos temas en el pasado.

Algunas personas tienes habilidades para el cálculo matemático, otras destacan escribir como grandes poetas, lo mismo ocurre dentro del ámbito profesional, incluso desde el pregrado, habrán quienes demuestren excelencia en la radiología y otros en el diagnóstico clínico, también están los que destacan en la cirugía.

Es importante que tu línea de investigación sea un tema que se encuentre dentro de tu profesión, aunque esto parece muy lógico, realmente no lo es, puesto que muchas personas estudian carreras profesionales que no eligieron, más bien la eligieron sus padres, la consigna es la de siempre "Si estudias lo que te digo, no te pago tus estudios"

Así que, no es raro encontrar, estudiantes que realmente no disfrutan sus años de estudio, no tienen por qué hacerlo, la universidad no es un parque de diversiones, porque incluso aquellas cosas que nos gustan tanto, ya no son tan divertidas cuando tenemos que hacerlo por obligación, lo importante es descubrir lo que si nos gusta.

Y no importa que tú, no hayas elegido tu profesión porque, lo que sí, vas a elegir será, tu línea de investigación, así que no interesa que el 95% de los curso de tu carrera profesional no te llamen la atención, por ahí no está tu línea de investigación, y el día que la descubras, te ayudará a elegir tu especialidad y ahí si disfrutarás de tu elección.

Me he encontrado con personas que no sienten pasión por la vida, estudiantes que en definitiva, no están interesados desarrollar una línea de investigación, nada más quieren un tema de tesis para poder graduarse, y de una buena vez que le entreguen el título para poder trabajar y así conseguir un sustento para sí mismo y su familia.

En ese caso, piensa en tus pacientes, en las enfermedades que más les afecta, piensa en los problemas más frecuentes de tus clientes, tú estás ahí para darle solución, conocer a fondo sus problemas hará más ligera tu tarea, usar la patología o problema más frecuente como línea de investigación, te permitirá ayudarles mejor.

Aun así todos terminamos por elegir una línea de investigación que nos gusta, si es que acaso no nos imponen una, esto es porque, en el pasado hemos tenido experiencias que ya nos han puesto en contacto con ella, y esto ocurrió, incluso antes de decidir la carrera profesional que seguiríamos en el futuro.

La línea de investigación une, lo que nosotros somos, con lo que hemos estudiado, con lo que hemos vivido, con lo que nos afecta, con lo que la vida nos señala, muchos descubren su línea de investigación a partir de un problema personal que les afecta, de una experiencia que vivieron en el pasado, de una circunstancia que les tocó vivir.

Esto puede parecer muy egoísta, utilizar la ciencia, nada más para tratar de solucionar solamente nuestros propios problemas, pero en realidad este es el verdadero punto de partida, pensar en nosotros mismos, en nuestra familia cercana, en nuestros vecinos más cercanos, en nuestra comunidad, en lo que afecta a nuestra gente.

Así que las expectativas personales, también están involucradas en una línea de investigación, por ello no se le puede imponer a un estudiante, un tema de tesis, que si bien la universidad tiene sus propias líneas de investigación, esas la deben adoptar sus trabajadores, es decir sus docentes, mas no los alumnos, los alumnos son los clientes de la universidad.

Tu línea de investigación tiene que resolver todos tus problemas, tiene que responder a tus expectativas personales, incluso a tus necesidades como profesional, a las posibilidades de tu desempeño laboral, tiene que convertirse en esa ventaja competitiva que requiere el mundo globalizado, en los nuevos profesionales.

Piensa en el futuro de tu vocación, atrévete a soñar con lo que puedes llegar a ser, con la ayuda de tu línea de investigación, la visión personal es eso mismo, ¿Cómo piensas que vas estar dentro de cinco años? Esto tiene que ver contigo mismo, permite que tu línea de investigación te lleve a dónde quieres llegar.

Porque la línea de investigación no es un hobbie, de esos que uno abandona por falta de tiempo para practicarlo, cuando llega fin de mes y llegan también las facturas con otros compromisos económicos, tu línea de investigación tiene que ser la fuente misma que cubra todas tus necesidades, la que te sustente y se sustente a sí misma.

Tu línea de investigación es tu misión en la vida, es la razón por la que estás aquí, en este preciso momento, tú estás leyendo estas líneas, porque crees que fuiste invitado, pero no es así, fuiste tú quien lo atrajo a su vida, fue tu decisión, y ahora te toca decidir lo que harán en adelante, si vas a ignorar todo esto, o si cumplirás el propósito de tu vida.

Elige tu línea de investigación hoy mismo, y no puedes equivocarte, no puede haber error con lo que dicta el corazón, ir en búsqueda de tu línea de investigación, es ir en búsqueda de la felicidad, asúmete en la búsqueda de tu pasión, es así como se consigue ser único, y creo que tarde o temprano lo harás, mantente atento a todas las señales, y todos tus sueños.

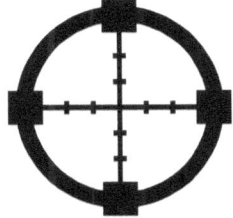

Paso N° 2

Enfoca el propósito de tu estudio

Para todos los estudiantes que me han solicitado un tema de tesis, aquí les traigo tres: Prevalencia de Hipertensión Arterial, Causas del Estrés Laboral y Pronóstico del Cáncer de Pulmón; si ya sé que ninguno de estos tres temas seduce tu imaginación, nada más son tres ejemplos, que me permitirán mostrarte el camino para que tú mismo, descubras tu propio tema de tesis, justo en este momento.

Un tema de tesis está compuesto por dos elementos básicos: el primero corresponde al **propósito del estudio** como: la "Prevalencia" de Hipertensión arterial, las "Causas" del estrés laboral y el "Pronóstico" del cáncer de pulmón; el segundo elemento se llama **línea de investigación** así tenemos a: la Prevalencia de "Hipertensión arterial", las causas del "estrés laboral" y el pronóstico del "cáncer de pulmón".

En estos tres ejemplos: prevalencia de hipertensión arterial, causas del estrés laboral o pronóstico del cáncer de pulmón, aparece en primer lugar el propósito del estudio y luego la línea de investigación, pero ese orden es gramatical, el orden natural del proceso creativo indica que, primero se elige la línea de investigación y después el propósito del estudio.

Siendo que, tú ya cuentas con una línea de investigación, en esta segunda presentación te voy a mostrar como debes enfocar el propósito de tu estudio, pero antes... ¿Qué es el propósito del estudio? ¿Realmente necesito uno para desarrollar mi trabajo? ¿Qué tal si nos dejamos de términos desconocidos?

El propósito del estudio corresponde a un deseo del investigador, de querer conocer algo muy específico dentro de su línea de investigación, de allí que, hay quienes prefieren llamarle al propósito del estudio como **"especificidad del estudio"**, haciendo clara referencia al aspecto **específico** que se desea conocer.

Hablando de conocimiento y de la necesidad de conocer, que se expresa en el propósito del estudio, también están lo que prefieren el nombre de **"finalidad cognoscitiva"** esto porque, el fin primario de tu trabajo de investigación es **conocer**, - conocer algo muy específico dentro de tu línea de investigación -.

En matemáticas, una línea es una sucesión continua de puntos, cada punto representa a un estudio que tú, puedes realizar dentro de tu línea de investigación, el propósito de tu estudio es un punto, dentro de tu línea de investigación, el propósito es la razón de ser de un estudio, un estudio que contribuya a tu línea de investigación.

Ahora ponte a pensar, en ¿Cuál será el propósito de tu estudio? ¿Qué es lo que deseas conocer dentro de tu línea de investigación? ¿Qué vacíos cognoscitivos has detectado? Esto es como pedir un deseo, al genio de la lámpara maravillosa, no te preocupes por el – Cómo – en este preciso momento solamente preocúpate por el – Qué – .

Esto requiere de un razonamiento previo, requiere de responder primero ¿A dónde quieres llegar? Porque si no tienes claro un destino, entonces cualquier camino da lo mismo, así que en este momento, ponte a pensar en que, es lo que deseas alcanzar con tu línea de investigación, que problema te propones solucionar, que es lo que deseas mejorar.

Stephen Covey decía, empiece con un fin en la mente; ese fin es precisamente la meta a donde quieres llegar, con tu línea de investigación, con un destino claro tendrás señalado el camino, y nuevamente no te preocupes por el – Cómo – en este preciso momento solamente preocúpate por el – Qué – .

Si estas estudiando "La hipertensión arterial", " El estrés laboral" o el "El cáncer de pulmón" o cualquier otro problema, tal vez estés interesado en su detección o diagnóstico, puede ser que necesites conocer su frecuencia, los factores de riesgo son una buena idea, conocer las causas será mejor, el pronóstico o el tratamiento son buenos propósitos.

Vamos a ponerlo en términos más concretos, imagina un plano cartesiano, existe un eje vertical y un eje horizontal, el eje vertical corresponde a tu línea de investigación, y allí donde tu decidas colocar el propósito de tu estudio, allí quedará fijado el nivel investigativo de tu trabajo de investigación, pero ¿Qué es un nivel investigativo?

Toda línea de investigación debe tener un origen y un final, en su recorrido atraviesa diferentes fases o momentos, a cada uno de los cuales denominamos nivel investigativo, estos niveles tienen jerarquía, están ordenados y podemos representarlos gráficamente como los escalones de una pirámide antigua.

"La hipertensión arterial", " El estrés laboral" y "El cáncer de pulmón" para ser estudiados, primero tienen que ser identificados o diagnosticados y eso corresponde al nivel exploratorio, su cuantificación corresponde al nivel descriptivo, y la identificación de los factores relacionados corresponde al nivel relacional.

"La hipertensión arterial", " El estrés laboral" y "El cáncer de pulmón" deben tener alguna causa o un determinante, eso corresponde al nivel explicativo, las complicaciones y el pronóstico corresponden al nivel predictivo, el tratamiento o cualquier intervención para solucionar el problema, corresponden al nivel aplicativo.

Estos son los niveles de la investigación, conocidos también como niveles investigativos, comenzando desde el origen hacia el final de la línea de investigación, tenemos a: el nivel exploratorio, el nivel descriptivo, el nivel relacional, el nivel explicativo, el nivel predictivo y el nivel aplicativo, cada uno distinto al otro, como veremos a continuación.

El nivel exploratorio, tiene como propósito descubrir el problema, en el campo de la salud, corresponde al diagnóstico de la enfermedad, en el campo de las ciencias naturales a la descripción del fenómeno, en el campo de las ciencias sociales a la interpretación de la realidad y en el campo de las ciencias del comportamiento a la definición de conceptos.

El **nivel descriptivo**, es cuantitativo y su propósito busca caracterizar o describir a la población de estudio, también se propone conocer parámetros de la población como frecuencia de la enfermedad que incluye a la incidencia y la prevalencia, todo este nivel investigativo es univariado, porque no plantean la relación entre variables.

El **nivel relacional** propone asociaciones y correlaciones, es decir plantea la relación entre variables, esto implica que además de la variable de estudio se involucrarán a otras variables o características de la población de estudio, estas otras características serán exploradas como factores de riesgo o factores relacionados.

El **nivel explicativo**, es el nivel que plantea la hipótesis de la causalidad, aquí se desarrollan los estudios de causa y efecto, el propósito del estudio es evidenciar que la causa estuvo antes que el efecto, es encontrar la causa de la enfermedad o de un problema, es comprobar mediante experimentación su propuesta.

El **nivel predictivo**, es el nivel de la prevención, prevención de la ocurrencia de la enfermedad o prevención primaria, detección temprana mediante algoritmos diagnóstico o prevención secundaria, si evitamos la ocurrencia de la enfermedad se llama prevención, pero s si la enfermedad ya está instalada, el propósito del estudio es el pronóstico.

El **nivel aplicativo** es el estudio del tratamiento de la enfermedad, una intervención quirúrgica se encuentra en este nivel, pero también una intervención educativa para que el paciente cuide mejor su salud, el propósito del estudio es evaluar, monitorear o controlar, y en caso de ser necesario calibrar la naturaleza y la intensidad de la intervención.

Puedes pensar que, conocer un aspecto específico de tu línea de investigación no ayudará de tus pacientes o a solucionar los problemas de tus clientes, y eso es verdad, los estudios aislados no solucionan nada, pero tú estás desarrollando una línea de investigación, y en este momento el propósito de tu estudio nutrirá tu línea de investigación.

Tu que ya cuentas con una línea de investigación, mi recomendación es que te enfoques en un punto específico, en un punto exacto dentro de tu línea de investigación, este punto preciso corresponde al propósito de tu estudio, un estudio que, junto con otros que desarrolles en adelante te permitan completar tu línea de investigación.

Tu línea de investigación, solucionará todos tus problemas, te permitirá destacar dentro de tu profesión, te permitirá desarrollar tu verdadera vocación, con tu línea de investigación ayudarás mejor a tus pacientes, y a tus clientes, cubrirás tus expectativas personales, no pierdas de vista tu propio camino, no pierdas la pista de tu propio destino.

Tu línea de investigación requiere un compromiso, y ese compromiso es que completes su recorrido, hoy lo harás con un solo estudio, hoy darás ese pequeño paso, que a su vez es un gran salto, hoy que desarrolles un estudio, que su propósito forme parte de tu línea de investigación y que su razón sea fortalecer tu camino.

Paso N° 3

Identifica a tu población de estudio

Una población de estudio, es un conjunto de personas con las cuales tienes una relación, una población de estudio son tus pacientes, son tus alumnos o son tus clientes; tus pacientes esperan que tú les ayudes a recuperar su salud, tus alumnos esperan de ti la mejor experiencia de aprendizaje y tus clientes confían en que, tú les ayudarás a resolver sus problemas y a cubrir sus necesidades.

A cambio de tu contribución, ellos permitirán que tú les estudies, y que utilices su información, para que desarrolles no solamente un estudio, sino toda tu línea de investigación, esta concesión es otorgada tácitamente por las personas que conforman tu población de estudio, en el momento en que recurren a ti, en el momento en que se convierten en tus pacientes, en tus alumnos o en tus clientes.

Y si estas personas no recurrieron a ti, si no que te las asignaron, como ocurre en un hospital, que a un médico le asignan sus pacientes, o en la universidad, que a un profesor le asignan sus alumnos; en ese caso la responsabilidad es mayor, significa que aún no te has ganado su confianza, pero lo harás, con la ayuda de tu línea de investigación.

No importa cuál fue el inicio de la relación que tú tienes, con tu población de estudio, lo importante es que **puedas** identificar a, quienes la conforman, sino de que otra forma puedes honrar ese compromiso entre el investigador y su población de estudio, ese convenio implícito entre tú y tu población de estudio se denomina línea de investigación.

Pero, **¿Quiénes son los que conforman tu población de estudio?** Si tu línea de investigación es la hipertensión arterial, tu población de estudio son los hipertensos que acuden a tu consultorio, si tu línea de investigación es el estrés laboral, tu población de estudio son las personas que laboran en tu institución.

Si tu línea de investigación es el cáncer de pulmón, tu población de estudio, son los pacientes que se atienden en tu hospital; tu población de estudio son todas las personas afectadas por un problema y que tú tienes contacto directo con ellos, tienes un vínculo, porque les conoces, tienes una responsabilidad porque están a tu cargo.

Tú tienes una relación con tu población de estudio, porque puedes acceder a ellos, el tipo de relación que tienes con tu población de estudio, es como la relación médico-paciente, es como la relación docente-alumno; y también como la relación proveedor-cliente, existe una responsabilidad y esta será honrada con el desarrollo de tu línea de investigación.

Una población de estudio es un conjunto de unidades de estudio, un conjunto de personas que, en principio te servirán para desarrollar tu estudio, pero que en finalidad deberán beneficiarse de los frutos de tu línea de investigación, con todo esto podemos deducir que, las unidades de estudio son la razón de ser de una línea de investigación.

No confundir a las unidades de estudio con las unidades de información, si estas estudiando la hipertensión arterial, las unidades de información pueden ser las historias clínicas, pero no son las historias clínicas las hipertensas, sino los pacientes, las historias clínicas son únicamente las unidades de información.

No confundir a las unidades de estudio con las unidades de observación, si estas estudiando el asma bronquial, las unidades de observación pueden ser las crisis asmáticas, no te concentres en el episodio, concéntrate en el individuo, el fin primario de la investigación científica es mejorar las condiciones del ser humano y su entorno.

No confundir a las unidades de estudio con las unidades de análisis, si estas estudiando la caries dental, las unidades de análisis pueden ser las piezas dentarias, no te enfoques en la pieza dentaria, piensa en lo que le convendrá más a tu paciente, en la solución que será más permanente, y no en lo que a ti te resulte más cómodo.

No confundir a las unidades de estudio con las unidades de muestreo, si tu población de estudio es muy grande, tal vez decidas estudiar solamente una fracción, pero no olvides que tu población de estudio es la razón de ser de tu línea de investigación y que todos los que conformen tu población de estudio, deberán beneficiarse de los hallazgos de tu trabajo.

No confundir a las unidades de estudio con las unidades de experimentación, los estudios preclínicos suelen desarrollarse *in vitro*, sin participación de las unidades de estudio, o *in vivo*, como los estudios con animales de experimentación, considera que estos, son solamente pasos iniciales dentro del desarrollo de tu línea de investigación.

Una población de estudio es un conjunto de unidades de estudio, pero **¿Cuántos son?** Si tu línea de investigación es la hipertensión arterial, tu población de estudio no son todos los hipertensos del mundo, tu población de estudio son únicamente los hipertensos que acuden a tu consultorio, son aquellos a los que tú puedes ayudar.

Si tu línea de investigación es el estrés laboral, tu población de estudio no son todas personas del mundo que padecen esta condición, sino solamente aquellas que laboran en tu institución, y tú puedes acceder a ellos, tú tienes contacto directo con estas personas, tu les conoces y tú les ayudarás con el desarrollo de tu línea de investigación.

Si tu línea de investigación es el cáncer de pulmón, tu población de estudio, no son todos los afectados por esta enfermedad en el planeta, sino solamente los que se atienden en tu hospital, porque solamente allí, tú puedes decidir el tratamiento que recibirán, y lo harás mejor si cuentas con una línea de investigación.

Una población de estudio es un conjunto de unidades de estudio, pero **¿Dónde están?** esto puedes resolverlo fácilmente, porque tú tienes contacto directo con ellos, habitas en su mismo espacio y compartes su mismo tiempo, nunca puede ser difícil acceder a tu población de estudio, porque se trata de tu gente, de tu propia comunidad.

Tu población de estudio es la razón de ser de tu línea de investigación, línea que se desarrolla paso a paso, estudio a estudio, y hoy que estas planteando uno, enfoca el propósito de tu estudio, un estudio dentro de tu línea de investigación, una línea que se desarrolla con una población de estudio y a eso se le denomina enunciado del estudio.

Propósito del estudio + Línea de investigación + Población de estudio = Enunciado del estudio; por ejemplo: prevalencia de hipertensión arterial en los pobladores de tu ciudad, causas del estrés laboral en los docentes de tu universidad o pronóstico del cáncer de pulmón en los pacientes tratados en tu hospital.

Ahora entiendes que la población de estudio es el concepto que faltaba para completar tu mensaje, para concretar tu enunciado, ahora sabes que el enunciado de tu estudio está compuesto por un propósito, por una línea y por una población, pero ¿Qué hay de los clásicos elementos de lugar y tiempo que tanto comentan algunos autores?.

Si tu línea de investigación es la hipertensión arterial, y tu trabajas en un centro de salud, tu población de estudio son los hipertensos que acuden a tu centro de salud, pero si trabajas en un hospital, tu población de estudio son los hipertensos que acuden a tu hospital, si eres el director de la región de salud, tu población de estudio son todos los hipertensos de la región.

Tu población de estudio será más grande, mientras más grande sean tus responsabilidades, si aceptaste el cargo de secretario de salud o ministro de salud de tu país, entonces tu población de estudio son todas las personas que se atienden en las instituciones de salud de tu país, con ellos es tu responsabilidad, con tu propia población de estudio.

Delimita espacialmente, a tu población de estudio, ello ayudará a responder a la pregunta ¿Dónde están? porque habitualmente comparten el mismo espacio que tu habitas y también ayudará a responder a la pregunta ¿Cuántos son? Porque dependiendo del ámbito de recolección de datos conoceremos su cifra exacta.

Delimita temporalmente, a tu población de estudio, porque toda población es dinámica, así podrás responder a la pregunta ¿Cuántos son?, no es lo mismo estudiar a los pacientes atendidos en un mes, que a los en un año, pero eso no depende del investigador, sino de las necesidades de la propia línea de investigación.

El lugar y el tiempo son criterios de delimitación de la población de estudio, el lugar en función al grado de responsabilidad que tú tienes con tu propia comunidad y el tiempo, a la necesidad de conocer los resultados del estudio de manera oportuna, no es lo mismo estudiar una epidemia que una enfermedad endémica.

Tu población de estudio, espera por ti, a que tú les ayudes a recuperar su salud, a solucionar sus problemas relacionados con tu línea de investigación, tú que utilizas información a veces confidencial de tu población de estudio, honra tu compromiso de poner a disposición los resultados de tu trabajo, para ayudarles a mejorar sus condiciones de salud y sus condiciones de vida.

Paso N° 4

Construye tu cuadro de variables

Tu cuadro de operacionalización de variables es cómo tu mapa del tesoro, el tesoro que conseguirás con este mapa, es el propósito de tu estudio, un estudio enmarcado dentro de tu línea de investigación, una línea que ayudará a mejorar las condiciones de tu población de estudio; esta es la ecuación más importante de todas: Propósito del estudio + Línea de investigación + Población de estudio = Enunciado del estudio.

Las variables son características, propiedades o atributos, observables en las unidades de estudio; precisamente las unidades de estudio se diferencian entre sí, por sus atributos o propiedades, denominadas variables; ahora dibuja un cuadro con cuatro columnas y tantas filas, como variables decidas que participen en tu estudio; los encabezados de estas columnas serán: variables, indicadores, valores finales y tipo de variable.

En la primera columna, has un listado de todas variables que se te vengan a la mente en este momento, mientras más extenso sea el listado mejor, las variables que debes incluir y las variables que no debes incluir es solo cuestión tuya, puesto que tú eres el experto más experto de todos dentro de tu línea de investigación.

En la segunda columna, anotarás a los indicadores de las variables; entendiendo como indicador a: la forma en que se mide una variable; a la manera en que se obtiene el valor final de su medición; algunas variables tendrán solamente un indicador y otras más de uno, a las primeras se les conoce como unidimensionales y a las segundas como multidimensionales.

En la tercera columna, identificarás a los valores finales; un valor final es el resultado de la medición de una variable, por ejemplo; si la variable a medir es el estado civil, y tú eres soltero, soltero es el valor final, si la variable a medir es el peso, y tu pesas 70Kg, 70Kg es el valor final; el valor final es el resultado de la medición.

En la cuarta columna, vas a registrar el tipo de variable; esto en función al valor final de medición que tu hayas determinado; cuando se trata de una variable categórica es importante distinguir a las variables nominales de las ordinales; y cuando se trata de una variable numérica, habrá que distinguir a las variables continuas de las variables discretas

Una variable es una característica, una propiedad o un atributo, observable en las unidades de estudio; el cuadro de operacionalización de variables es un mapa que, te permitirá alcanzar el propósito de tu estudio, la definición de cada una de las variables, así como de sus indicadores, no se consignan en el cuadro, sino en el marco conceptual.

Las variables, se enlistan en la primera columna, del cuadro de operacionalización de variables, dentro de este listado existe una variable que, es la más importante de tu trabajo, se le denomina variable de estudio y es la que caracteriza tu línea de investigación, su rol es distinto en cada nivel investigativo, como veremos a continuación.

En el nivel descriptivo recibe el nombre de **variable de interés**, por ejemplo: en el estudio de prevalencia de hipertensión arterial, la variable de interés, es la hipertensión arterial, pero también habrá que caracterizar a la población de estudio, estas características, reciben el nombre de variables de caracterización.

En el nivel relacional, recibe el nombre de **variable de supervisión**, por ejemplo: en el estudio de factores de riesgo para la diabetes, la variable de supervisión es la diabetes, la cual tendremos que relacionar con un conjunto de características que pueden incrementar la probabilidad de enfermar de diabetes, a esta características se les llama variables asociadas.

En el nivel explicativo, recibe el nombre de **variable dependiente**, por ejemplo: en el estudio de las causas del estrés laboral, la variable de dependiente es el estrés laboral, la cual tendrá que ser demostrada como una consecuencia de un conjunto de determinantes, a estos determinantes se les denomina variables independientes.

En el nivel predictivo, recibe el nombre de **variable endógena**, por ejemplo: en el estudio del pronóstico del cáncer de pulmón, la variable endógena es el cáncer de pulmón, una consecuencia que se puede anticipar a partir de un conjunto de predictores, a estos predictores se les conoce como variables exógenas.

Los indicadores, se anotan en la segunda columna, del cuadro de operacionalización de variables, un indicador responde a la pregunta ¿Cómo voy a medir mi variable?, esto tiene que ver con la dimensionalidad de las variables: las variables objetivas tienen dimensiones físicas y las variables subjetivas tiene dimensiones lógicas.

Las variables objetivas, como la edad, el peso o la talla, poseen dimensiones físicas, la edad es tiempo, el peso es masa y la talla es longitud; se miden con instrumentos mecánicos; como el cronómetro, la balanza y el tallímetro, se miden de manera directa lo cual equivale a tener solamente un indicador, por eso de les denomina **unidimensionales.**

Pero también existen las variables objetivas **multidimensionales,** estas son las que resultan de la combinación de dos o más medidas preliminares, por ejemplo: el índice de masa corporal, cuyos componentes son el peso y la talla, entonces el peso y la talla son sus indicadores, y nos señalarán los instrumentos a utilizar.

Las variables subjetivas como la depresión, el estrés laboral o el clima organizacional, poseen dimensiones lógicas; se miden con instrumentos documentales como: los cuestionarios, las escalas o los inventarios, pueden ser **unidimensionales** como es el caso del dolor postoperatorio que se mide con una escala visual análoga.

La calidad de la atención es un ejemplo de variable subjetiva **multidimensional,** sus dimensiones según Parasuraman son: los elementos tangibles, la fiabilidad, la capacidad de respuesta, la empatía y la seguridad; estas dimensiones corresponden a sus indicadores, y también a la estructura interna del instrumento que lo mide.

Los valores finales, se registran en la tercera columna, del cuadro de operacionalización de variables y corresponden al resultado de la medición de las variables, en función a sus respectivos indicadores, las variables categóricas tienen como valor final a sus categorías y las variables numéricas a las unidades de su medición.

Las variables categóricas como: el sexo, el estado civil o el nivel de instrucción, tienen categorías como valores finales: masculino y femenino son las categorías del sexo; soltero, casado y conviviente son las categorías del estado civil; primaria, secundaria y superior son las categorías del nivel de instrucción; a estas categorías se les conoce como valor final.

Cuando las categorías no tienen ningún orden en particular, estamos frente a una escala nominal, pero si sus categorías están ordenadas, nos encontramos frente a una escala ordinal; así que diferenciar una variable nominal de una ordinal se puede conseguir únicamente observando sus valores finales.

Las variables numéricas como la edad, el peso o la talla, tienen como valores finales números con sus respectivas unidades como por ejemplo: años para la variable edad; kilogramos para la variable peso; centímetros para la variable talla; las unidades de las variables numéricas representan el valor final de su medición.

Cuando las variables numéricas aceptan valores negativos, estamos frente a una escala de intervalo, pero si los valores finales no pueden ser negativos, entonces estamos frente a una escala de razón; pero en un sentido operacional, estas dos escalas se manejan igual, y es más importante diferenciar a una variable continua de una variable discreta.

El tipo de variable, es registrado en la cuarta y última columna, del cuadro de operacionalización de variables; en este momento es importante recordar que, la operacionalización es un proceso, que permite aclarar en papel, lo que se necesita para alcanzar el propósito del estudio, por eso el tipo de variable no necesariamente corresponde a la escala de medición.

El comportamiento aleatorio de las **variables nominales** es distinto al comportamiento aleatorio de las **variables ordinales**, por eso, si vas a comparar dos grupos y la variable aleatoria es nominal, utilizarás la prueba chi cuadrado de Pearson, pero si la variable aleatoria es ordinal, utilizarás la U de Mann Whitney.

En las variables numéricas, es más importante diferenciar a las **variables continuas** de las **variables discretas**, porque su comportamiento aleatorio es distinto; las variables continuas provienen de medir y las variables discretas provienen de contar, las variables continuas aceptan valores decimales, las variables discretas solamente números enteros.

Las variables son características, propiedades o atributos, observables en las unidades de estudio; su operacionalización, es pieza clave para comenzar a desarrollar una estrategia que te permita alcanzar el propósito de tu estudio, con un fin en la mente, con un propósito claro, y un cuadro de variables operacional, el éxito está asegurado.

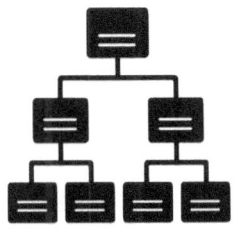

Paso N° 5

Desarrolla tu marco teórico

Si estás pensando en desarrollar tu marco teórico, seguramente ya cuentas con el enunciado de tu estudio y su respectivo cuadro de variables, un cuadro de variables es como un mapa que sirve para, alcanzar el propósito del estudio, ten en cuenta que un mapa es como un plano, no como un plan, el plan aún no se comienza a construir, antes de eso, debemos definir los conceptos contenidos en nuestro plano.

Estos son los dos componentes del marco teórico: el primero, es el marco conceptual; y el segundo, son los antecedentes investigativos; mi sugerencia es que comiences a buscar la información para estos dos componentes de manera conjunta; una herramienta que puedes utilizar, para este propósito es un buscador especializado en publicaciones científicas como el Google Académico.

Ahora abre un navegador de Internet y en el Google Académico, escribe el enunciado de tu estudio y luego dale click en "Buscar", encontrarás un listado de publicaciones: los artículos originales que usarás como antecedentes investigativos, los artículos de revisión te serán muy útiles para el desarrollo del marco conceptual.

Recuerda que, para buscar en internet, se utilizan palabras clave, y tú tienes tres, las mismas que aparecen en el enunciado de tu estudio, en orden de importancia para la búsqueda son: primero, la línea de investigación, segundo, el propósito del estudio y tercero, la población de estudio (sin la ubicación espacial y temporal)

Si el número de resultados de tu búsqueda es muy escaso, tal vez debas ser menos exquisito con las palabras clave, prueba escribiendo solamente el propósito de tu estudio y tu línea de investigación, omitiendo a tu población de estudio, y si aun así los resultados son muy escasos, entonces utiliza como palabra clave solamente a tu línea de investigación.

Si el número de resultados es muy numeroso, intenta encontrar concordancia exacta con las palabras clave que representan el propósito de tu estudio y tu línea de investigación, colocando entre comillas a estas dos frases, esto le indicará al buscador que deseas concordancia exacta, notarás que los resultados se reducirán significativamente.

Los resultados de tu búsqueda incluye a los artículos originales, y a los artículos de revisión, los artículos originales son considerados publicación primaria y serán excelentes antecedentes investigativos, los artículos de revisión, son considerados publicación secundaria y serán excelentes fuentes de información para el desarrollo de tu marco conceptual.

El marco conceptual. Por definición, la ciencia es el conjunto de conocimientos ordenados y estructurados sistemáticamente, tu marco conceptual debe hacer honor a esa definición, así que debe contener cada palabra o frase que aparece tanto en el enunciado como, en el cuadro de variables, debidamente ordenados y estructurados

El marco conceptual **no es un glosario de términos**, debe tener estructura a manera de mapa mental o mapa conceptual; su estructura debe ser lógica, jerárquica y organizada; la estructura del contenido ayuda a identificar contenidos ausentes, así como a detectar contenidos impertinentes.

El marco conceptual **no es el estado del arte**, no se espera relatar lo novedoso del conocimiento, ni hacer referencia al estado último de la ciencia, el marco conceptual no intenta recolectar el conocimiento de vanguardia, sino solamente señalar los conceptos necesarios para alcanzar el propósito del estudio.

El marco conceptual **no es un ensayo**, porque no precisa los puntos de vista del autor, no debe estar influenciado por su cultura o sus creencias; es solamente un soporte conceptual para el estudio, no debe ser discutido, debe ser consignado tal y como se encuentra en las fuentes de información; debidamente referenciado.

El marco teórico **no es la razón de ser** del estudio, lo son sus resultados; es por ello que la descripción, análisis e interpretación se llevan a partir de los resultados; sobre los datos obtenidos después de ejecutar el estudio; no hay análisis del marco teórico, porque la investigación todavía no comienza, ni siquiera hemos comenzado a desarrollar el plan.

27

¿Qué sucede si para un mismo término existen dos definiciones distintas?; sucede con frecuencia cuando trabajamos con variables subjetivas como: la calidad de la atención, que definida por Parasuraman, difiere conceptualmente de la definición de Donabedian; en ese caso habrá que elegir a uno y referenciarlo adecuadamente.

¿Qué sucede si para una determinada enfermedad existen dos clasificaciones distintas?; ocurre con mucha frecuencia en la medicina por ejemplo: la clasificación japonesa y la clasificación americana para el cáncer de estómago; en ese caso habrá que alinearse con una escuela en particular, no solo para el estudio, sino en general.

¿Qué sucede si para un determinado estudio, aún no existen conceptos claros?; esto puede ocurrir cuando se está iniciando una línea de investigación; en esa situación tendrás que definir tus propios conceptos, conceptos que no serán generalizables, conceptos que no son de consenso, sino a propósito de tu estudio.

¿Acaso es posible enunciar nuestros propios conceptos sin referenciar a ningún autor?; ese precisamente es el origen del conocimiento, se le denomina constructivismo, recuerda que la ciencia acepta que las teorías siempre pueden modificarse o cambiarse de tal modo que seamos capaces de construir una nueva teoría, mejor que la anterior.

Si vas a enunciar tus propios conceptos, se supone que has hecho una búsqueda escrupulosa de la información y no lo haces nada más porque, no quieres trabajar en la búsqueda de la información, si vas a enunciar tus propios conceptos, es porque te encuentras al inicio de una nueva línea de investigación.

Los antecedentes investigativos, son estudios científicos originales, que podemos encontrar en las bases de datos, los directorios, los repositorios o en la biblioteca de la universidad, son publicaciones primarias derivadas de un trabajo de investigación, que se acompañan con el método utilizado para hallar sus resultados.

Si una publicación, no se acompaña de los métodos utilizados para encontrar los resultados que reporta, no puede ser considerado dentro de los antecedentes investigativos, puesto que la ciencia es argumentativa y es la argumentación quien establece la diferencia entre la mera opinión (doxa) y el verdadero conocimiento (episteme).

Ahora imagina que te encuentras en un piso cualquiera de un gran edificio, son los pisos inferiores, los que dan soporte al piso en el que tú te encuentras, y de ninguna manera los pisos superiores, lo mismo ocurre con una línea de investigación, son antecedentes investigativos, los que dan soporte al propósito del estudio en curso.

Contar con un buen soporte para el propósito del estudio en curso, implica haber realizado una búsqueda exhaustiva de los antecedentes investigativos, no es para ver si el estudio esta repetido, porque incluso es posible que sí se necesite repetir el estudio, con la finalidad de probar consistencia en los resultados.

Si en la búsqueda exhaustiva de los antecedentes investigativos, encontramos muchos vacíos, que quienes comparten tu línea de investigación aún no han cubierto, tal vez debas redefinir el propósito de tu estudio para cubrir esos vacíos y así fortalecer el desarrollo de tu línea de investigación.

En los estudios con hipótesis racional, los antecedentes investigativos, constituyen el sustrato o fundamento, este tipo hipótesis requiere de una operación mental para fundamentarse, una de las formas de razonamiento argumentativo, es el razonamiento por analogía, donde los antecedentes investigativos constituyen las premisas.

No existe una fórmula para calcular el número de antecedentes investigativos, no existe un algoritmo que te ayude a seleccionar a tus antecedentes investigativos, el número y la selección de los antecedentes investigativos, dependen del grado de conocimiento que posees sobre tu línea de investigación y de lo que puedas consultar con otros expertos.

Todo estudio cuenta con antecedentes investigativos, solamente los estudios exploratorios son cien por ciento originales, carentes de antecedentes investigativos; si para el desarrollo de tu estudio, no encuentras antecedentes investigativos, tal vez debas retroceder dentro de tu línea de investigación y cubrir ese vacío.

Los antecedentes investigativos deben ser **vigentes** (no actuales) es decir, que la información consignada en los mismos, sea aplicable en el momento en el que desarrollas tu estudio, el criterio de los últimos cinco años, es para los jurados ociosos que no saben discernir, si un antecedente investigativo, es aún vigente.

Paso N° 6

Plantea tu intención analítica

Comenzamos con el planteamiento analítico de tu estudio, pero para esto ya debes contar con: el enunciado de tu estudio, el cuadro de variables y el marco teórico, aquí comienza el plan, aquí damos la respuesta al ¿Cómo?; Comenzamos transformando el propósito de tu estudio en, una **intención analítica**, la cual puede corresponder a la **prueba de hipótesis** o a la **estimación puntual**.

Un estudio con **prueba de hipótesis**, es por ejemplo un estudio comparativo, el mismo que pretende llegar a la conclusión de, si dos grupos son iguales o diferentes; un estudio de **estimación puntual**, es por ejemplo un estudio de prevalencia, el mismo que pretende estimar un parámetro de la población, una medida de frecuencia, la proporción de la población afectada por una enfermedad.

En términos simples existen estudios con y sin hipótesis, estos últimos tienen como intención analítica a la **estimación puntual**; así que una buena estrategia para plantear tu **intención analítica**, es a partir de la hipótesis misma, en caso de que tu estudio no lleve hipótesis corresponde a un estudio de **estimación puntual**.

Para saber si tu estudio lleva o no una hipótesis, intenta calificar de verdadero o falso al enunciado de tu estudio; si el resultado de esta operación mental, es una oración que tiene sentido, tu estudio lleva hipótesis; por ejemplo, en el enunciado: "La obesidad es un factor de riesgo para la diabetes", esto puede ser verdadero o puede ser falso.

En otros casos, cuando al agregarle los calificativos de verdadero o falso al enunciado de tu estudio, te resulte una oración incongruente, entonces tu estudio no lleva hipótesis. Por ejemplo, en el enunciado "Prevalencia de diabetes en la ciudad de Arequipa", esto no puede ser calificado de verdadero ni falso.

Así que la presencia y ausencia de hipótesis depende estrictamente del enunciado de tu estudio, para identificar tu **intención analítica**, intenta calificar de verdadero o falso al enunciado de tu estudio; si el resultado es una oración con sentido, tu estudio lleva hipótesis, pero si el resultado es una oración sin sentido, tu estudio no llevará hipótesis.

No son mejores los estudios con hipótesis, ni peores los de estimación puntual, son dos intenciones analíticas correspondientes a diferentes propósitos a la hora de investigar, intenciones que más adelante se convertirán en los objetivos del estudio, para lo cual debes tener bien en claro, ¿Cuál es tu **intención analítica**?.

Los estudios con hipótesis y la prueba de hipótesis

Una hipótesis es una proposición, y una proposición no es más que un enunciado susceptible de ser calificado como verdadero o falso. Desde el punto de vista estadístico, el calificativo de verdadero le corresponde a la hipótesis alterna, y el calificativo de falso a la hipótesis nula.

Las hipótesis son empíricas o racionales; las hipótesis empíricas nacen de la experiencia del investigador y las hipótesis racionales de un razonamiento argumentativo. En el desarrollo de tu línea de investigación te encontrarás en los niveles más básicos con las hipótesis empíricas y en los niveles más avanzados con las hipótesis racionales.

Desde el punto de vista gramatical, la hipótesis tiene dos párrafos: el primero se llama fundamento, y el segundo, deducción. El fundamento es lo que sostiene la afirmación anticipada, es el argumento; y la deducción es la hipótesis misma, es lo que el investigador pretende demostrar, es la hipótesis en su versión afirmativa.

Las hipótesis empíricas carecen de fundamento, por cuanto nacen de la experiencia del investigador y la experiencia de cada individuo es muy subjetiva; de esta forma, lo que para algunos es importante de ser evaluado, para otros resulta intrascendente, todo depende de las experiencias previas que cada quién haya tenido.

Las hipótesis racionales, en el transcurso natural de una línea de investigación, aparecen en los estudios experimentales, son hipótesis que requieren de un fundamento, un argumento, una razón que ampare la intervención sobre las unidades de estudio, para provocar un efecto; esta manipulación, si no está bien sustentada, es mejor no ejecutar el estudio.

El ritual de la significancia estadística, planteado por Ronald Fisher resume los cinco pasos que se deben seguir de manera sistematizada, cada vez que se quiere poner a prueba una hipótesis, el esquema siempre es el mismo, no importa cuál sea la naturaleza de tu hipótesis, ni tampoco el nivel investigativo.

Estos son los cinco pasos de la prueba de hipótesis: el planteamiento de hipótesis, el establecimiento del nivel de significancia, la elección de la prueba estadística, el cálculo del p-valor, y la toma de decisiones. Todo esto será necesario a la hora de analizar los datos, pero por ahora… Existen tres conceptos que debemos remarcar antes de recolectar los datos.

El error tipo I, ocurre cuando se acepta la hipótesis del investigador cuando en realidad esta es falsa, algunos prefieren esta otra versión, el error tipo I, ocurre cuando se rechaza la hipótesis nula, siendo que, esta era la correcta, ambas oraciones son equivalentes, repito… ambas oraciones son equivalentes, si prefieres esquematiza para salir de dudas.

El p-valor, es la probabilidad de que ocurra el error tipo I, si te fijas no son dos términos equivalentes, el error tipo I, es la ocurrencia del error, mientras que el p-valor, es la cuantificación de este error, el error tipo I ocurre cuando desapruebas un examen, el p-valor es la frecuencia de ocasiones, con la que esto te sucede.

El nivel de significancia, es la máxima cantidad de error que podemos aceptar, al dar por correcta de manera anticipada a la hipótesis del investigador, esto es como, la máxima cantidad de veces que puedes desaprobar un examen, antes de que te eliminen de la carrera que estas estudiando; un nombre más adecuado sería nivel de tolerancia.

Los estudios sin hipótesis y la estimación puntual

Un estudio de prevalencia no lleva hipótesis, por el simple hecho de que su enunciado, no puede ser calificado de verdadero o falso, por ejemplo en el enunciado: "Prevalencia de diabetes en la ciudad de Arequipa", esta oración no puede ser calificada como verdadera o falsa.

Entonces la intención analítica de este estudio, no será una prueba de hipótesis, sino una **estimación puntual**, y esa precisamente, es la estimación de la prevalencia de la enfermedad de la diabetes, la estimación de un parámetro de la población. Pero no es lo único que se estima a lo largo de una línea de investigación como veremos a continuación.

En un estudio que pretende cuantificar los factores de riesgo para una enfermedad, nos encontramos en la misma situación; por ejemplo: la obesidad es un factor de riesgo para la diabetes, pero… ¿En qué magnitud incrementa la obesidad el riesgo de enfermar de diabetes? ¿Tal vez el doble? ¿Tal vez del triple? Esto es algo que tenemos que calcular…

Para dar solución a estas interrogantes, debemos utilizar una medida de riesgo puede ser el Riesgo Relativo o el Odds Ratio, estos dos estimadores pretenden darnos a conocer en que magnitud se incrementa la probabilidad de enfermar, las personas que poseen el factor de riesgo, esto no se puede resolver con una prueba de hipótesis.

En otro momento podemos estar interesados en calcular el tiempo de vida media de un grupo de pacientes con cáncer tratados con quimioterapia, esa medida que estamos buscando, es un número, es una estimación, que no se cumplirá exactamente, pero nos da una buena idea de lo que debemos esperar, y con ello sabremos cómo actuar.

Para conocer el verdadero valor de la prevalencia de una enfermedad en una población, se debería estudiar a toda la población, pero habitualmente utilizamos solo una muestra, por eso decimos que es una estimación, porque no se trata del valor real, entonces conviene acompañarla por sus respectivos intervalos de confianza al 95 por ciento.

El intervalo de confianza corresponde a los límites entre lo que oscilaría la prevalencia, por ejemplo si la prevalencia de diabetes, es del 10 por ciento y su intervalo de confianza es ± 5 por ciento; esto significa que, el verdadero valor de la prevalencia se encontraría entre el 5 y el 15 por ciento, donde el 10 por ciento representa el centro.

Lo mimo aplica para los estudios de factores de riesgo, el tiempo de vida media, o cualquier otro, que tenga como intención analítica a la **estimación puntual**, es que no basta con presentar el resultado puntual, este valor debe estar acompañado siempre de su respectivo intervalo de confianza al 95 por ciento.

Existen muchos mitos relacionados con este tema, el más grave de todos es el mito de que, todos los estudios poseen hipótesis, también está el mito de que, los estudios descriptivos no llevan hipótesis, y luego el mito de que los estudios con hipótesis son mejores, tres leyendas urbanas que debemos comenzar erradicar.

Paso N° 7

Traduce los objetivos de tu estudio

Todo trabajo de investigación tiene una intención que se expresa en el **propósito del estudio**, una intención tan específica, a tal punto que, hay quienes prefieren el nombre de **especificidad del estudio**, haciendo clara referencia al aspecto específico que se desea conocer; luego entonces se requiere un plan específico para concretar el propósito del estudio, y este plan comienza con redactar los objetivos de tu estudio.

A pesar de que, siempre hablamos de los objetivos del estudio en plural, la verdad es que solamente existe uno, y se le denomina objetivo específico, este nombre se deriva de su propio origen, de la especificad del estudio; pero entonces ¿por qué todo el mundo cree que un estudio tiene varios objetivos? La respuesta es muy simple, porque que para completar el objetivo específico puede que se necesiten pasos intermedios.

El **objetivo específico** es el objetivo principal, es la traducción operativa del propósito del estudio; en el enunciado: "Prevalencia de diabetes en la ciudad de Lima" el objetivo primario será estimar la prevalencia de diabetes en la ciudad de Lima; al enunciado solo le hemos agregado la palabra *estimar*; y ello lo convierte en objetivo específico.

Para redactar el objetivo específico basta con agregar al enunciado del estudio un verbo en infinitivo; para el enunciado: "Características de las gestantes adolescentes en la ciudad de Arequipa", el objetivo que le corresponde será: describir las características de las gestantes adolescentes en la ciudad de Arequipa.

Los objetivos operacionales u objetivos secundarios, corresponden a los pasos intermedios que a veces se requieren para completar el objetivo específico; es poco importante cómo les llamemos: objetivos intermedios, auxiliares, o secundarios; su única función es ayudar a alcanzar el objetivo específico, el único objetivo inferencial.

Inferencial significa que, a partir del estudio de una muestra, obtendremos una conclusión que, podremos trasladarla hacia a la población, de donde fue obtenida la muestra; esa es la naturaleza del objetivo específico, mas no de los objetivos operacionales, los objetivos operacionales no son inferenciales.

Si queremos comparar la prevalencia de una enfermedad en dos grupos, entonces el objetivo principal es "comparar" y los objetivos secundarios serán "estimar" la prevalencia de la enfermedad en cada grupo; y nuevamente, solo los resultados de la comparación serán inferenciales, mas no los resultados de la estimación.

El **objetivo específico** de un estudio se redacta a partir de su enunciado, anteponiéndole un verbo en infinitivo; pero no cualquier verbo, sino uno que se corresponda con su nivel investigativo, en los niveles cuantitativos, el objetivo estará relacionado con un procedimiento estadísticos necesario para completarse.

En el nivel exploratorio. El **objetivo identificar** se corresponde con la fenomenología, en las ciencias naturales es muy común estar interesado en lograr conclusiones mediante la percepción sistemática de un fenómeno en su contexto natural, fue mediante la investigación fenomenológica que Isaac Newton lograra formular la ley de la gravedad..

El **objetivo interpretar** corresponde a la hermenéutica, donde previo análisis cualitativo de los fenómenos observados se intenta explicarlos, en concordancia con el estado actual del conocimiento, los principios científicos, las teorías previas y las hipótesis precedentes; esta intención es muy habitual en la ciencias sociales.

El **objetivo definir** corresponde al constructivismo, significa delimitar el ámbito de la realidad con la cual se trabaja, conceptualizar la representación mental que tiene el observador de su unidad de estudio, o del fenómeno que lo afecta, en la ciencias del comportamiento los conceptos que definen la conducta humana.

El **objetivo determinar** corresponde a la heurística, así tenemos que en la investigación en ciencias de la salud se busca encontrar o descubrir; el diagnóstico clínico es heurístico, o se obtiene mediante un razonamiento heurístico, es un forma de razonamiento que sirve para descubrir si un paciente está enfermo o no, llegando a poner a prueba verdaderas hipótesis.

En el nivel descriptivo. **El objetivo describir** permite caracterizar a la población o grupo de individuos que comparten una condición, por ejemplo describir a los pacientes con hipertensión arterial, diagnosticados en el Hospital Regional durante el año pasado; esto implica utilizar estadísticos descriptivos.

El objetivo estimar es el cálculo estadístico de un parámetro de la población, por ejemplo, estimar la prevalencia de hipertensión arterial en la población. En el desarrollo de una línea de investigación, este es el primer objetivo inferencial y como toda estimación puntual debe estar acompañada de sus respectivos intervalos de confianza.

El objetivo verificar corresponde a una prueba de hipótesis de nivel descriptivo, procedimientos estadístico como la t de Student para una sola muestra y la prueba de bondad de Ajuste de Chi cuadrado corresponden a este objetivo; este objetivo es clave para descartar el mito de que, los estudios descriptivos no llevan hipótesis.

En el nivel relacional. **El objetivo comparar** busca encontrar diferencias entre dos grupos constituidos bajo el cálculo estadístico del tamaño muestral, aquí comienza el análisis estadístico bivariado, pero solamente una de las variables es aleatoria, mientras que la otra denominada fija, es la que se utiliza para diferenciar los grupos.

El objetivo asociar si bien pertenece al análisis estadístico bivariado, se diferencia del objetivo anterior por poseer dos variables aleatorias, pudiendo ser, ambas variables categóricas en cuyo caso hablamos de asociación, o poseer dos variables numéricas, en cuyo caso hablamos de correlación.

El **objetivo medir** la fuerza de asociación o medir la fuerza de correlación, según participen dos variables categóricas o dos variables numéricas respectivamente, es una lógica consecuencia del objetivo anterior, pero no se trata de una prueba de hipótesis, sino de una estimación puntual, las medidas de riesgo se encuentran en este objetivo.

En el nivel explicativo. El **objetivo evidenciar** es el primer objetivo que busca demostrar la hipótesis de la causalidad, pero para ello no recurre a la experimentación, se sustenta en los criterios de causalidad: asociación, fuerza de asociación y relación temporal; este último pone en evidencia que la causa estuvo presente antes que el efecto.

El **objetivo demostrar** implica el uso de la experimentación para demostrar la causalidad entre dos variables, una hipótesis experimental requiere de un argumento denominado razonamiento por analogía, adicionalmente el aislamiento de la causa mediante la aleatorización y luego experimento propiamente dicho.

El **objetivo comprobar** busca completar uno de los principios de la ciencia, y es que la ciencia es comprobable o verificable, de tal modo que, al aplicar los mismos métodos que el estudio anterior y utilizando los mismos materiales debemos encontrar los mismos resultados, a este criterio se le denomina consistencia.

En el nivel predictivo. El **objetivo predecir** en su sentido más esencial corresponde a una estimación puntual, a la probabilidad de ocurrencia de un evento, puede ser la ocurrencia de la enfermedad, o de una complicación. También se pueden hacer comparaciones predictivas lo cual correspondería a la prueba de hipótesis.

El objetivo pronosticar involucra la participación de la variable tiempo, es un cálculo de probabilidad basado en el tiempo, se corresponde con los procedimientos como: las series de tiempo y el análisis de supervivencia; el cálculo del tiempo de sobrevida de una prótesis dentaria, o de un paciente tratado con quimioterapia.

El objetivo prever significa tomar medidas con anticipación, disponer o preparar medios para contingencias futuras, son ejemplos, la prevención de la salud, mediante la vacunación y el diagnóstico temprano; es el estudio de la eficiencia de las acciones preventivas que, se toman cuando ya se hizo una predicción o un pronóstico.

En el nivel aplicativo. El objetivo supervisar corresponde al monitoreo del proceso o de la intervención que se realiza sobre la población con la finalidad de mejorar sus condiciones, por ejemplo, el tratamiento de la hipertensión arterial, requiere de supervisión, y se puede realizar para medidas individuales o para medidas repetidas.

El objetivo controlar implica evaluar los resultados de una intervención estos resultados deben ser consistentes y no mostrar exceso de variabilidad, por ejemplo: el tiempo de trabajo de parto no puede ser muy corto ni muy largo; en ambos casos resulta patológico como: parto precipitado o parto prolongado.

El objetivo calibrar evalúa la capacidad de un sistema o de un proceso de conseguir los mismos resultados siempre, o por lo menos sin diferencias significativas, aquí evaluamos la estabilidad intra-operador o repetibilidad y la estabilidad entre-operadores o reproducibilidad; la finalidad de calibrar es mejorar los resultados en cada intervención.

Paso Nº 8

Calcula y selecciona una muestra

Tu población de estudio es la razón de ser de tu línea de investigación, cada uno de los pasos que das dentro de tu línea de investigación, está pensado en beneficiar a **tu población de estudio**, cada estudio que desarrollas dentro de tu línea de investigación está diseñado, de tal modo que, al final del camino, mediante una intervención puedas mejorar las condiciones de tu **población de estudio**.

Para poder trabajar en beneficio de **tu población de estudio**, primero debes estudiarla, precisamente de allí surge el nombre de población de estudio, pero a lo largo del desarrollo de tu línea de investigación, habrá ocasiones en las que, no te sea posible estudiar a toda la población, en ese caso tendrás que recurrir a la muestra, pero nunca olvides que **tu población de estudio** es la razón de ser de tu línea de investigación.

Existen tres casos específicos en los que, no es posible estudiar a toda la población, el primero cuando la población es inalcanzable en tamaño, el segundo cuando la población es desconocida en número, el tercero cuando la población es inaccesible para su completa revisión; y solo en estas tres circunstancias optarás por estudiar una muestra.

Primero. Cuando **la población es inalcanzable en tamaño**, por ejemplo: conocer la prevalencia de la enfermedad de la diabetes en una población de un millón de habitantes; esto significa que tendríamos que realizar un millón de medidas, y aunque cada medida cueste solamente un dólar, se necesitaría un millón de dólares.

Aunque dispusiéramos del presupuesto necesario, si cada medición se realizara solamente en 10 minutos, trabajando 8 horas diarias de lunes a sábado se necesitaría 397 días; si más de un año, y solo para conocer el valor de la prevalencia, de una de las tantas enfermedades que afectan a la población, definitivamente algo irresponsable.

Segundo. Cuando **la población es desconocida en número**, por ejemplo para estudiar la calidad de vida de los inmigrantes latinos en los Estados Unidos, no sabemos cuál es el tamaño de la población, porque no existe un listado, un registro, un padrón, una nómina, o una base de datos; no existe marco muestral.

Pero la inexistencia del marco muestral, no impide realizar el cálculo del tamaño de la muestra, puesto que el muestreo considera un límite para el tamaño muestral, incluso en los caso en que, la población es infinita, por ello para efectos del cálculo del tamaño de la muestra, cuando no existe marco muestral, se le considera infinito.

Tercero. Cuando la **población es inaccesible para su completa revisión**, por ejemplo si queremos medir en valor de hemoglobina de un paciente, extraemos una muestra de 5cc de sangre, en este caso la población de estudio son los 5 litros de sangre del paciente, pero no podemos extraerla completamente.

Veamos otro ejemplo, supongamos que, nos dedicamos a comercializar un determinado producto y el inspeccionar el producto implica su destrucción; es lógico que no podremos estudiar a toda la población, porque nos quedaríamos sin mercadería, así que en este caso también acudiremos al estudio de una muestra.

Una muestra debe ser representativa, de la población de donde fue extraída, de tal modo que, las conclusiones obtenidas a partir de la muestra, puedan ser extrapoladas a la población, para que una muestra sea representativa, se debe considerar dos aspectos, primero el cálculo del tamaño de la muestra y segundo una técnica de muestreo.

El cálculo del tamaño de la muestra, parte del principio que, el investigador acepta que sus conclusiones no serán precisas, que estarán afectadas por el error aleatorio, pero que este error aleatorio está reconocido, y la magnitud del error aleatorio se utilizará para calcular el número de unidades que conformarán la muestra.

Utilizar una muestra en lugar de la población implica aceptar la presencia del error aleatorio en las conclusiones, cuando estas conclusiones sean trasladadas hacia la población de estudio, pero el error aleatorio no es la única amenaza de la validez de las conclusiones, también lo es el error sistemático, que se puede controlar mediante una técnica de muestreo.

Las técnicas de muestreo, se utilizan para la selección de las unidades muestrales, están destinadas al control del error sistemático, error humano, error del investigador, error de los procedimientos, que afectan la exactitud de las conclusiones del estudio, las técnicas que permiten obtener una muestra representativa son las técnicas aleatorias o probabilísticas.

La técnica de selección ideal, es aquella donde todos los elementos que conforman la población tienen la misma probabilidad de integrar la muestra, lo contrario a este principio se denomina **sesgo de admisión**, en referencia a las situaciones donde incluso algunos elementos la población, no tienen posibilidad de integrar la muestra.

El **muestreo aleatorio simple** tiene por finalidad eliminar el sesgo de admisión, mediante la asignación a cada una de las unidades de muestreo la misma probabilidad de integrar la muestra, pero para ello se debe contar con un marco muestral, con un listado, un padrón, una base de datos; y no siempre será posible contar con este marco muestral.

El **muestreo sistemático** resuelve el problema de no contar con un marco muestral, por ejemplo, para encuestar a los estudiantes de una universidad, nos ubicamos en la puerta de ingreso y construimos la muestra con todos los estudiantes que ingresen exactamente cada 60 segundos, en una hora tendríamos 60 estudiantes y en 8 horas 480 encuestados.

En este ejemplo no se requiere de conocer el número de estudiantes en toda la universidad, por tanto se resuelve la carencia del marco muestral, pero no resuelve el **sesgo del voluntariado**, es decir que los encuestados no pueden ser voluntarios y viceversa, los elegidos para conformar la muestra no pueden negarse a participar en la encuesta.

Un muestreo cien por ciento aleatorio consigue por ejemplo, mitad y mitad de varones y mujeres, en la encuesta de los estudiantes; pero el voluntariado y la negativa a participar de algunos alumnos, hará que estas proporciones se alteren, la estrategia del **muestreo aleatorio estratificado**, nos obliga a conservar las proporciones identificadas en la población.

Adicionalmente los criterios de inclusión y exclusión se utilizan para eliminar el **sesgo de membresía**, los criterios de elegibilidad tienen por finalidad definir con precisión quienes conforman la población y quienes no la conforman, aunque esta tarea realmente debiera hacerse desde el principio.

Cuando en la población de estudio, es posible detectar la existencia de grupos, que por sí mismos representan adecuadamente a la población, en relación a la característica que se desea estudiar, a esto se le denomina conglomerado, entonces podemos seleccionar únicamente algunos de estos conjuntos para realizar el estudio.

Mientras que, en los tres primeros muestreos probabilísticos las unidades de muestreo coinciden con las unidades de estudio, en **el muestreo por conglomerados** las unidades de muestreo son los conglomerados; esto puede resultar muy beneficioso para reducir los costos relacionados a la recolección de datos.

El muestreo es una parte de la estrategia que se desarrolla para alcanzar **el propósito del estudio**, es mejor un muestreo aleatorio a uno no aleatorio, pero es mejor uno no aleatorio, a no avanzar en tu línea de investigación; existe un orden o jerarquía tanto en los muestreos aleatorios como en los no aleatorios, unos son más representativos que otros.

El **muestreo por cuotas** es muy similar al muestreo estratificado, en nuestro ejemplo de la encuesta a los estudiantes de la universidad, nos aseguramos que, en la muestra tengamos tantos varones como mujeres, esto significa cumplir la cuota, pero luego la elección de los estudiantes de cada género ya no es aleatorio, aun así los resultados son cuasi probabilísticos.

El **muestreo en bola de nieve** es una alternativa no aleatoria, para los casos en que no se cuenta con un marco muestral y las unidades de estudio se encuentran muy dispersas, pero conectadas entre sí, esto podría ser necesario por ejemplo, en el estudio la calidad de vida de los inmigrantes latinos indocumentados en los Estados Unidos.

El **muestreo según criterio**, aprovecha le experiencia del investigador, el conocimiento sobre su línea de investigación, este criterio puede ser cualitativo, como ocurre en la selección de los jueces en el proceso de la validación de instrumentos, pero también puede responder a una necesidad del análisis estadístico, como ocurre en los diseños experimentales.

El **muestreo por conveniencia**, es la opción que entrega la muestra menos representativa, se trata de un muestreo deliberado, errático, accidental, sin normas, por comodidad, sin procedimientos específicos, en términos simples y comunes: es lo que hay y se estudia lo que tienes; muy utilizado en los estudios exploratorios.

Paso N° 9

Ejecuta tu recolección de datos

Todo trabajo de investigación necesita datos, pero cuidado, recolectar datos no es lo mismo que realizar mediciones, los datos pueden proceder de mediciones que, no necesariamente ejecutó el autor del estudio. Así tenemos entonces dos tipos de estudios: aquellos donde el investigador realiza sus propias mediciones y aquellos donde el investigador utiliza los datos provenientes de mediciones donde no tuvo participación.

Recolectar datos significa, asegurarse de contar con un registro que contiene los datos, ya sea que los datos procedan de mediciones propias o que se hayan copiado de algún tipo de registro; de hecho este, es uno de los principios básicos de la taxonomía de la investigación, son estudios **prospectivos** aquellos donde realizas tus propias mediciones y son estudios **retrospectivos** aquellos donde copias los datos de registros previos.

Realizar un plan para ejecutar tus propias mediciones puede entenderse como un plan a futuro, pero esa no es la razón, por la cual se denomina a estos estudios como **prospectivos**; sino el control al momento de realizar la medición, las mediciones realizadas por el propio investigador permiten el control de los sesgos de medición.

Por esta razón los datos que provienen de las mediciones planeadas por el propio investigador son de mejor calidad, porque controlan el error sistemático, el error humano, el error de procedimientos, son mediciones más exactas y se denominan **datos primarios**, y su presencia en un estudio, hace que sus conclusiones también sean más exactas.

Por otro lado, copiar los datos de un registro previamente construido puede significar como algo del pasado, pero esa no es la razón por la cual se denomina a estos estudios como **retrospectivos**; sino por la falta certeza, de que hubo control, al momento de la medición; el investigador no puede dar fe, de la exactitud de las mediciones.

Así entonces, los datos que provienen de mediciones donde el investigador no tuvo participación, no son los mejores, porque el error sistemático, amenaza la exactitud de las mediciones y se denominan **datos secundarios**, y su utilización está restringida solamente, para los casos en que se necesite viabilizar el estudio.

Tu trabajo de investigación necesita datos, y esto no necesariamente significa que debas realizar mediciones, recolectar datos significa, es conseguir un registro que contiene los datos, luego entonces tenemos cinco técnicas de recolección de datos y tú puedes utilizar en tu estudio, una o más de estas **técnicas de recolección de datos**.

1. La documentación. Consiste en copiar los datos a partir de los documentos donde se encuentran almacenados, por ejemplo: historias clínicas, informes de cirugía, informes de laboratorio, registros sanitarios, consolidados de notas, libros de reclamaciones, buzón de sugerencias, etc.; son datos recolectados con fines ajenos a tu investigación.

Se trata claramente de un estudio **retrospectivo,** porque trabaja con **datos secundarios**, dado que no realizas mediciones, no necesitas de ningún instrumento de medición y tu recolección de datos, consiste solamente en trasladar los datos de su fuente original hacia tus propios registros, para su posterior análisis estadístico.

Existen estudios que pueden desarrollarse únicamente de esta manera, por ejemplo, para conocer la tasa de mortalidad materna; revisamos los registros y archivos del año anterior; y contamos el número de muertes de madres durante el embarazo y parto; por cada cien mil recién nacidos vivos, esto es un estudio basado en la documentación.

2. La observación. Es una técnica de recolección de datos prospectiva y se puede referir a la observación de la medida de una magnitud física, en un paciente su talla se observa en el tallímetro, su peso se observa en la balanza y su temperatura se observa en el termómetro, para realizar estas mediciones se requiere de un **instrumento mecánico**.

La observación descrita de esta forma, es una observación indirecta porque precisa de instrumentos mecánicos, pero también es indirecta cuando requiere algunos medios de observación, como: una placa radiográfica, una técnica inmunoquímica o un cultivo, se trata claramente de observaciones sistemáticas o estructuradas.

También es posible observar actitudes, conductas o comportamientos en las personas, siendo así: la observación es participante o desde adentro, cuando el investigador se integra al grupo que desea observar; y la observación es no participante o desde afuera, cuando el investigador no se relaciona con las unidades de estudio.

3. La entrevista. Requiere la participación de las unidades de estudio, evidentemente los entrevistados tendrán que responder preguntas, esto no se puede hacer con un paciente en coma, la entrevista es la primera técnica comunicacional y tiene tres niveles que, podemos utilizar en conjunto o de manera aislada, que tal si lo explicamos con un ejemplo.

Una adolescente de 16 años de edad, es traída por emergencia por presentar lipotimia (desmayo) y la recibe el interno de medicina, este artero galeno luego de estabilizarla, le realiza una **entrevista a profundidad**, se trata de una entrevista holística, no se rige por reglas, y en el examen físico la encuentra muy baja de peso y decide enviarla a la nutricionista.

La nutricionista enterada de que la adolescente, ya ha sido evaluada clínicamente, decide concentrarse en su conducta alimentaria, y le realiza una **entrevista enfocada**, una entrevista que busca perfilar una unidad clínica y sospecha que, la paciente padece de anorexia nerviosa, por lo que decide hacer una interconsulta a psiquiatría.

El psiquiatra partiendo de la sospecha de la nutricionista, que además es una verdadera hipótesis, de que la paciente padece de anorexia nerviosa, le realiza una **entrevista estructurada**, esto significa verificar los criterios diagnósticos de la anorexia nerviosa, y concentrándose solamente en ellos llega a la conclusión de que la hipótesis es verdadera.

4. La encuesta. Se diferencia de la entrevista, porque la encuesta es una técnica de recolección de datos cuantitativa, mientras que la entrevista es cualitativa, en la encuesta el instrumento es un cuestionario, una escala o un inventario, en la entrevista no existe un instrumento documental el instrumento es el evaluador o entrevistador.

En la encuesta el investigador no necesariamente es el encuestador, esto porque, el resultado de la medición depende del instrumento documental y no de quien aplica el instrumento, esta característica es ventajosa porque que te permite tener varios encuestadores; pero eso sí, vas a requerir de un **instrumento documental**.

Leerle las preguntas del cuestionario al evaluado, no convierte a la encuesta en entrevista, es solo una forma distinta de aplicar la encuesta y se denomina, encuesta heteroadministrada, la técnica de recolección de datos sigue siendo la encuesta, siendo la estrategia la heteroadministración, el instrumento sigue siendo el que evalúa la característica en estudio.

5. La psicometría. Requiere de un **instrumento validado al 100%**; dado que la publicación del instrumento viene acompañada de un manual para su calificación, cualquier persona mínimamente entrenada será capaz de aplicarlo, incluso se puede crear programas para computadora que, nos permita una calificación automática.

La ventaja de la psicometría, es que puedes utilizarla para evaluar variables muy distantes a tu línea de investigación, incluso ajenas a tu campo del conocimiento, porque no requieres de la presencia del creador del instrumento al momento de calificar los resultados de su aplicación, es que las propiedades métricas de un instrumento validado son estables.

Un instrumento es estable, si cada vez que un operador lo aplica a un individuo, obtiene el mismo resultado y se denomina estabilidad intra operador; y luego cuando dos o más operadores lo aplican a un individuo, y obtienen el mismo resultado, se denomina estabilidad entre operadores, esto aplica tanto para los instrumentos mecánicos como documentales.

Las estrategias de recolección de datos. Corresponden a la forma o modo, en que se aplica una técnica de recolección de datos, por ejemplo, si vas a realizar una entrevista, la puedes hacer en persona o por teléfono, si vas a realizar una encuesta y entregas el cuestionario a los evaluados es autoadministrada, pero si les lees las preguntas es heteroadministrada.

Los procedimientos de recolección de datos. Corresponden al paso a paso, al detalle -cómo se recogen los datos-, ya sea que se utilicen instrumentos mecánicos o documentales, incluso si no se realizan mediciones, como ocurre en los estudios retrospectivos, hay que detallar como accediste a los archivos que contienen los datos.

Finalmente, las técnicas de recolección de datos no se pueden utilizar para hacer taxonomía de los estudios, no existe el estudio documental, existe el estudio donde se utiliza la técnica de recolección de datos llamada documentación, y todo esto porque tú puedes utilizar en tu estudio una o más de estas **técnicas de recolección de datos**.

Paso N° 10

Produce mediciones controladas

Si eres de los que prefieren los datos precisos y exactos, tal vez necesites hacer tus propias mediciones, esto porque, los datos que provienen de las mediciones realizadas por el propio investigador son más fidedignos que los datos encontrados en registros y archivos, las razones son innumerables, y solo para asustarte un poco, es posible que la mediciones nunca se realizaran, es decir los datos fueron inventados.

Muchas veces observe en el hospital que, las personas encargadas de medir la presión arterial o la temperatura en los pacientes y luego registrarlas en su historia clínica; por el exceso de trabajo encargado, se copiaban la última medición de la presión arterial o la temperatura de la propia historia clínica, haciendo la mediciones únicamente en la mitad de las ocasiones indicadas.

Por cierto, solo eran mediciones de rutina, pero incluso en los casos en que los encargados de medir la presión arterial o la temperatura, hubiesen completado su tarea, nada asegura que hayan seguido las pautas para obtener un resultado preciso y exacto, nadie puede dar fe, de que se haya hecho una medición controlada.

Para medir la presión arterial, el paciente debe haber reposado por lo menos 15 minutos, no debe haber comido 30 minutos antes, la posición es sentado y las plantas de los pies deben tocar el suelo, el brazo debe estar a la altura del corazón con la mano relajada, el manguito debe tener contacto con la piel, y durante la evaluación el paciente no debe hablar.

Todo este procedimiento se cumplirá al pie de la letra, si queremos tener una medida fidedigna de la presión arterial; pero este proceso es posible de controlar solamente si realizas tus propias mediciones, por eso se denominan **datos primarios** y su presencia es característica de los estudios **prospectivos**.

Si estas planeando realizar tus propias mediciones, es porque tu estudio exige datos precisos y exactos, es decir **datos primarios**, pero eso lo vas conseguir si adicionalmente logras controlar los sesgos de medición, ya que de nada te servirá hacer tus propias mediciones, si no pones atención a los errores que frecuentemente se comenten al momento de medir.

Hablando de medir, vas a necesitar instrumentos de medición; en investigación científica, existen dos tipos, los instrumentos mecánicos que sirven para medir magnitudes físicas como: el peso, la talla o la temperatura y los instrumentos documentales que sirven para medir magnitudes lógicas como: la inteligencia, la depresión o la calidad de vida.

Los **instrumentos de medición** son frecuentemente confundidos con los **materiales de verificación**, por ejemplo para medir la frecuencia cardiaca, colocamos la campana del estetoscopio en la región precordial del paciente y contamos el número de latidos durante un minuto, pregunta: ¿cuál es el instrumento de medición?

La mayoría de los estudiantes de medicina, a los que le hago esta pregunta responden, -el estetoscopio- y esa no es la respuesta; el estetoscopio no es un instrumento de medición porque no mide nada, de hecho podemos contar los latidos cardiacos, sin la ayuda del estetoscopio, apegando nuestro pabellón auricular en la región precordial del paciente.

Los instrumentos de medición miden, aunque suene redundante, si no miden, no son instrumentos de medición, y como el estetoscopio no te entrega un valor final de medición entonces no es un instrumento, el instrumento para medir la frecuencia cardiaca es el cronómetro y el estetoscopio es un **material de verificación**.

Son materiales de verificación: la placa radiográfica, el microscopio y el estetoscopio, que no entregando un valor final de medición, se requieren como medios de observación; evidentemente estamos hablando de la técnica de recolección de datos denominada observación, específicamente de la observación sistemática o estructurada

Existen dos tipos de instrumentos: los instrumentos mecánicos que sirven para medir magnitudes físicas como: el peso la talla o la temperatura, correspondientes a **variables objetivas;** y los instrumentos documentales que sirven para medir magnitudes lógicas como: la inteligencia, la depresión o la calidad de vida, correspondientes a **variables subjetivas.**

1. Los instrumentos mecánicos. Pueden ser tan simples como una balanza o tan complejos como un densitómetro; en el caso de ser simple puede que el propio investigador pueda manipularlo, pero si se trata de un instrumento complejo, puede que se necesite del apoyo de un especialista o de un profesional técnico de procedimientos.

El razonamiento anterior es importante, porque está directamente relacionado con la factibilidad del estudio, si decides realizar tus propias mediciones, asegúrate de: en primer lugar de contar con el instrumento, de la existencia física del aparato y de que puedas acceder a él; en segundo lugar de saber manipularlo o de contar con alguien que pueda hacerlo.

Pretender ejecutar mediciones con un instrumento mecánico no disponible en tu ciudad sería un grave problema de factibilidad, pero incluso en el caso de que esté disponible, no contar con alguien que pueda manipularlo nos lleva a la misma conclusión; habrá que considerar también los costos que involucre hacer cada medición.

Habrá ocasiones donde tengas más un instrumento para evaluar una misma variable, por ejemplo para medir la presión arterial está el tensiómetro de mercurio y también el tensiómetro digital, el tensiómetro de mercurio es el instrumento patrón o gold estándar, mientras que el tensiómetro digital, es un instrumento de screening o tamizaje.

Utilizar el tensiómetro digital en lugar del tensiómetro de mercurio, produce un sesgo, dado que la capacidad diagnóstica de ambos aparatos no es la misma, pero aún si decides utilizar el instrumento patrón o gold estándar igual puede existir el sesgo de rendimiento, si el instrumento no está debidamente calibrado.

2. Los instrumentos documentales. Permiten realizar mediciones de variables subjetivas como: el rendimiento académico, la inteligencia o el clima organizacional; cuando la variable que pretendes medir no cuenta con un instrumento para su medición, entonces puedes optar por crear uno propio y concentrarte solamente en ese propósito.

Todo trabajo de investigación tiene un propósito que se expresa en el enunciado del estudio, este propósito es específico, incluso hay quienes prefieren denominar al propósito del estudio como "especificidad del estudio", por esta razón no puedes prender plantear un estudio y en su interior validar un instrumento.

Construir un instrumento documental no es nada complicado, y es muy probable que, en el pasado hayas construido más de uno, un instrumento es por ejemplo, un examen de conocimientos, de esos que aplicamos a los estudiantes; se le denomina cuestionario, y su finalidad es medir el rendimiento académico.

Si vas a realizar una encuesta, vas a necesitar de un instrumento que por lo menos cuente con validez de contenido, pero si la técnica de recolección de datos que planeas utilizar es la psicometría, entonces el instrumento debe adicionalmente contar con: validez de constructo, fiabilidad, estabilidad, validez de criterio y por supuesto una evaluación de su rendimiento.

La ficha de recolección de datos que aparece en muchos proyectos de investigación como anexo, no es un instrumento de medición porque no mide nada, en los estudios retrospectivos la ficha de recolección de datos es una herramienta equivalente a las fichas bibliográficas, en los estudios prospectivos puede contener al instrumento documental.

El cuestionario, es por ejemplo un examen escrito que construimos para evaluar el rendimiento académico de los estudiantes, está compuesto por un conjunto de preguntas agrupadas en dimensiones, el cuestionario no es un tipo de estudio, tampoco es una técnica de recolección de datos, el cuestionario es un instrumento documental.

Las escala, de la que se tiene más conocimiento, es la escala de Likert, compuesta por un conjunto de preguntas o reactivos que habitualmente cuenta con cinco alternativas, por ejemplo: ¿Estás de acuerdo con el aborto terapéutico? alternativas: completamente de acuerdo, de acuerdo, indiferente, en desacuerdo y completamente en desacuerdo.

El inventario, es una combinación de varios cuestionarios, de varias escalas o de una mezcla de ambos, el arquetipo es el inventario de las inteligencias múltiples que busca identificar en las personas, inteligencia: lingüística, lógico-matemática, espacial, cinestésica, musical, etc. su finalidad no es calificar, ni cuantificar, sino clasificar.

Finalmente, si ya recogiste tus datos, quiere decir que, ya estás listo para comenzar con el análisis de datos, esta es la parte más apasionante de la investigación científica; solo recuerda que, ni el mejor profesional de la estadística en el mundo, arreglará un estudio mal planteado, por eso tú debes suscribirte a los diez pasos de cómo empezar una tesis.

ACERCA DEL AUTOR

El Dr. José Supo es Médico Bioestadístico, Doctor en Salud Pública, director de www.bioestadístico.com y autor del libro "Seminarios de Investigación Científica".

Programas de entrenamiento desarrollados por el autor:

1. Análisis de Datos Aplicado a la Investigación Científica
2. Seminarios de Investigación para la Producción Científica
3. Validación de Instrumentos de Medición Documentales
4. Técnicas de Muestreo Estadístico en Investigación
5. Taller de tesis: Desarrollo del Proyecto e Informe Final
6. Análisis de Datos Categóricos y Variables Discretas
7. Análisis de la Causalidad con Diseños Experimentales
8. Soluciones de Análisis Predictivos Para la Investigación
9. Minería de Datos Aplicada a la Investigación Científica
10. Control de la Calidad Para la Investigación Aplicada
11. Competencias Para Tutores, Jurados y Asesores de tesis
12. Herramientas para la Redacción y Publicación Científica

MÁS SOBRE EL AUTOR

El Dr. José Supo es conferencista en métodos de investigación científica, entrenador en análisis de datos aplicado a la investigación científica y desarrolla talleres sobre los siguientes temas:

Libros y audiolibros publicados por el autor:

1. Cómo empezar una tesis
2. Cómo escribir una tesis
3. Cómo sustentar una tesis
4. Cómo ser un tutor de tesis
5. Cómo evaluar una tesis
6. Cómo asesorar una tesis
7. Taxonomía de la investigación
8. El propósito de la investigación
9. Las variables analíticas
10. Los objetivos del estudio
11. Cómo probar una hipótesis
12. Cómo elegir una muestra
13. Cómo validar un instrumento
14. Validación de pruebas diagnósticas
15. Técnicas de recolección de datos
16. Cómo se elige una prueba estadística
17. Cómo elegir una línea de investigación
18. El estudio de nivel exploratorio
19. El estudio de nivel descriptivo
20. El estudio de nivel relacional

¿Quieres saber más?

www.comoempezarunatesis.com